AF360281

LES VIGNES JAPONAISES

DE

HENRI DEGRON

Edmond Bories

1906

LES VIGNES JAPONAISES

RECUEILLIES SUR PLACE, RAPPORTÉES ET CULTIVÉES EN FRANCE

A CRESPIÈRES (SEINE - ET - OISE)

par Henry DEGRON,

Lauréat de la *Société d'Acclimatation* (1).

A MONSIEUR LE MYRE DE VILERS

Président de la *Société nationale d'Acclimatation de France*
Ambassadeur honoraire
Député de la Cochinchine.

Hommage respectueux et dévoué d'un explorateur.
Membre de la Société d'Acclimatation.

HENRY DEGRON.

C'est l'année dernière seulement, en 1899, à l'occasion
d'une exposition organisée, aux Mureaux, par les membres
de la Société d'Horticulture du canton de Meulan, que je me
décidai à faire connaitre au public, d'une façon assez res-
treinte les Vignes rapportées par moi du Japon il y a seize
ans (2).

1) Communication faite en séance générale le 25 mai 1900.
(2) Voici le résultat du concours des Mureaux :

SOCIÉTÉ D'HORTICULTURE DU CANTON DE MEULAN.

Les Vignes de M. Henry Degron.

M. Degron, chevalier de la Légion d'honneur, viticulteur à Crespières Seine-
et-Oise), membre de notre Société, ayant demandé une visite de ses produits,
les membres de la Commission nommée à cet effet, se sont rendus chez lui, e
dimanche 27 août dernier (1899), pour procéder à cette visite, et ont ensuite
rédigé et signé le présent procès-verbal :

M. Degron possède des Vignes de Syrie et du Japon, comme nous n'en avions
jamais vues. Les grappes de Vigne de Syrie atteignent une longueur de 0^m,05
et 0^m,41 de circonférence.

Vignes du Japon : Un seul cep, planté au nord, a une longueur de 32^m,80 ;
hauteur du cep 2^m,80. La longueur du bourgeon de l'année est de 4 mètres
d'un côté et de 3^m,28 de l'autre ; la circonférence du pied à 1 mètre du sol

Aujourd'hui, encouragé par cette première exhibition et sur les conseils de viticulteurs compétents, je veux profiter de l'Exposition universelle pour les faire *universellement* connaître, car je crois fermement qu'elles en valent la peine et peuvent être utilisées par beaucoup de spécialistes et d'amateurs de plantes ornementales.

Envoyé en mission au Japon en 1883, par le Ministère de l'Agriculture, pour y rechercher des Vignes sauvages pouvant résister au Phylloxéra, j'ai rapporté de ce pays un grand nombre de cépages qui, malheureusement et malgré mes objurgations, ont été plantés à Montpellier, première étape du Phylloxéra en France à son importation des États-Unis.

Certes, on avait raison de planter ces Vignes en terrain phylloxéré, puisque je disais que, dans ma pensée, elles devaient résister à l'Insecte dévastateur ; mais alors qu'elles venaient du centre de l'île de Yéso — île la plus septentrionale du Japon, — des bords d'un fleuve, d'un pays froid, humide et où la neige couvre le sol pendant sept mois de l'année, c'était assurer leur perte (même sans Phylloxéra), que de les

est de 0^m,10 ; ses feuilles ont 0^m,25 sur 0^m,25 ; il y a des grappes sur toute la longueur.

Semis du mois de février dernier : hauteur 0^m,27 ; circonférence 0^m,02 ; feuillage 0^m,16 sur 0^m,16.

Vignes françaises greffées sur cépages japonais : La moyenne de ces ceps est de cinq à six branches, dont la vigueur est au-dessus de l'ordinaire.

La propriété Degron est d'une contenance de plus de 2 hectares, le tout en jardin fruitier et potager.

Le travail de la Commission n'a pas duré moins de deux bonnes heures. Elle a trouvé le jardin dans le meilleur état de propreté, quoique n'ayant qu'un seul jardinier ; malgré la sécheresse de cette année (1899), tous les fruits sont d'une beauté exceptionnelle.

La Commission est d'avis que parmi les Vignes japonaises de M. Degron, il s'en trouve certainement de variétés peu connues, ou encore inconnues, et qu'il serait intéressant de voir classer scientifiquement.

Les vins faits avec les raisins provenant des Vignes de M. Degron sont rouges et blancs, excellents et très agréables au goût.

La Commission, à l'unanimité, accorde à M. Henry Degron la grande médaille de vermeil donnée par M. Berteaux, député, et le met hors concours pour tout ce qu'il exposera à la future exposition du canton.

La Commission accorde également au jardinier de M. Degron une mention honorable pour la bonne tenue de la propriété.

Les Membres de la Commission,

Signé : Crété, jardinier chef à Bazemont ;

Roussel, horticulteur, vice-président de la Société d'horticulture, rapporteur ;

Rousselet, jardinier chef aux Mureaux, président.

planter dans un terrain et sous un climat où la sécheresse règne du mois de mai au mois de septembre.

Cependant, malgré le Phylloxéra et malgré un climat si contraire à celui qui leur aurait convenu, mes Vignes ont résisté à Montpellier pendant bien des années ; seulement, elles ne fructifiaient pas ! De là cette croyance répandue, *à tort*, dans certains milieux, que la Vigne japonaise ne pouvait fructifier en France et dans d'autres — prématurément, sans preuves suffisantes — que le Phylloxéra les faisait périr.

Une autre cause de dépréciation a été qu'à mon retour en France, en 1884, je me suis laissé enjôler par un certain amateur normand, dont la spécialité consistait à se faire donner des graines ou des boutures de Vignes de *tous pays exotiques*. Ayant eu connaissance de ma mission, il guetta mon retour, vint me trouver à Crespières et me demanda des graines. Comme je préconisais l'introduction de mes Vignes en Normandie et dans le nord de la France, j'acquiesçai naturellement à sa demande. Plus tard même, à l'occasion d'un concours régional qui eut lieu à Alençon, je lui portai moi-même quelques pieds japonais bien enracinés.

Il résulte de tout ce qui précède que je suis bien l'auteur véritable de l'introduction de cette Vigne en Normandie, et que le Normand en question n'a été que *mon instrument* : s'il ne s'était pas offert de lui-même pour cultiver les plantes introduites par mes soins, il ne m'eût pas été difficile de trouver d'autres amateurs pour mes essais. Malheureusement la personne dont il s'agit eut le tort de mettre cette Vigne en vente *trop tôt* et de lui donner le qualificatif de *précoce*. Ce qui est vrai des cépages japonais, c'est qu'ils débourrent (dans la région de Paris) quinze à vingt jours avant les cépages indigènes ; mais quant à la maturité des fruits, elle se produit à peu près à la même époque et *plutôt après* qu'avant celle des nôtres. Ainsi, je cueille toujours mes raisins japonais en même temps que le Chasselas *à conserver pour la table et l'hiver*, soit quinze à vingt jours après les vendanges ordinaires.

Dans les nombreux plants de un à deux ans que j'ai rapportés, ainsi que dans mes graines, il y avait de tout, c'est ce que le vénéré et regretté professeur Planchon a lui-même constaté, avec M. Foëx, l'éminent directeur (à cette époque) de l'école de Montpellier. Il y avait du bon et du mauvais, des *Vitis* de plusieurs sortes et des *Ampelopsis*. Dans les graines que j'ai données de côtés et d'autres et dans les semis que j'ai faits chez moi, à Crespières, c'était la même chose. Il fallait du temps, des sélections et des expériences avant de parler des produits et surtout d'en vendre ; autrement on s'exposait à en répandre de mauvais et par suite, à faire tort aux bons.

Un troisième déboire m'attendait encore. Le Ministère avait donné de mes graines à l'École d'Agriculture de Grignon ; elles y réussissaient assez bien ; de mon côté, j'en avais remis à Versailles, au grand savant M. Hardy, qui m'honorait de ses conseils. Mais il y a quelques années, le Phylloxéra fut introduit subrepticement dans les Vignes de Grignon, et aussitôt, par mesure de prudence, on fit tout détruire, à Versailles comme à Grignon, et je restai seul à continuer mes expériences. Aujourd'hui, après seize ans de patience et d'efforts, je crois pouvoir parler de la Vigne japonaise.

Je possède plusieurs milliers de ceps japonais sur lesquels j'ai greffé des boutures françaises ; sur d'autres, j'ai greffé du Chasselas ; tout cela me donne d'excellents vins, rouges et blancs, que j'appelle vins franco-japonais.

Dernièrement, un ami, très sérieux viticulteur de l'Yonne, m'affirmait que la Vigne japonaise était réfractaire au greffage ! J'ai des Vignes-mères japonaises que je conserve précieusement pour la reproduction ; l'une d'elles me donne des grappes (que l'on ne peut arriver à compter), sur un développement de 27 mètres de longueur ! Cela n'a pas empêché cependant d'affirmer, sur la foi d'un député de l'Hérault, que la Vigne japonaise ne fructifiait pas en France !

Il y a trois ans, j'ai eu toute une treille de Chasselas de Fontainebleau, exposée au sud, gelée ; elle a dû être rabattue jusqu'aux racines. Des Vignes japonaises, au nord, n'ont pas souffert.

La Vigne dont il s'agit se recommande aussi pour l'ornementation, ses feuilles étant bien plus larges que celles de nos Vignes françaises ; de plus, au lieu d'êtres minces, ténues et glabres comme la plupart des feuilles françaises, elles sont épaisses, malléables et poreuses ; les Lapins en sont très friands.

***

Voici maintenant un petit résumé de mes voyages et quelques indications sur les pays où je trouvai mes Vignes; cet aperçu date de 1884.

Parti de Marseille le 21 janvier 1883, je rentrai en France le 11 janvier 1884. Je rapportais environ quinze cents pieds de Vignes japonaises de provenances diverses, mais surtout de l'île de Hokkaïdo (anciennement Yéso). Tous ces plants, de un à trois ans, bien enracinés, ont été mis en terre, dans des serres, et sont arrivés en aussi bon état que possible ; ils ont été livrés, à Montpellier, à M. Gustave Foëx, directeur de l'École nationale d'Agriculture.

Quant à mes excursions et à mes études au Japon, elles ont fait l'objet d'un rapport général que j'ai eu l'honneur d'adresser à M. le Ministre d'Agriculture. Dans cette note, je me bornerai donc à parler de l'île de Hokkaïdo, qui est la partie la moins connue et en même temps la plus curieuse du Japon.

Après quelques excursions dans le sud et le centre de la grande île de Nippon, je partis pour le Hokkaïdo. Le climat de cette île, beaucoup plus froid que ne semblerait le comporter sa situation géographique (entre 41° et 46° de latitude nord) avait tout d'abord attiré mon attention et j'étais convaincu que les Vignes, dont je connaissais l'existence en ce pays, pourraient s'acclimater en France.

L'île de Hokkaïdo (en japonais : route du Nord), désignée dans nos géographies sous les noms de Yéso et Yesso (pays de sauvages — probablement par allusion aux habitants primitifs de l'île, les Aïnos), n'est, à proprement parler, et à part quelques villes et villages du littoral et quelques centres de création moderne, qu'une immense forêt vierge, s'étendant sur des montagnes, dont plusieurs sont volcaniques et arrosée d'une multitude de cours d'eau, généralement peu profonds, mais qui, aux dernières pluies et surtout à la fonte des neiges, deviennent des torrents ; on y rencontre aussi quelques rivières, assez importantes et un beau fleuve, l'Ishikari, qui, à quelques milles de son embouchure, est aussi large que la Seine à Paris. Ce fleuve est peut-être le plus poissonneux du monde entier ; les Saumons surtout y foisonnent. Pendant bien longtemps et alors que la partie sud de l'île de Saghalien formait la limite de l'Empire du Japon au nord et isolait l'île de Yéso des établissements russes, le gouvernement taïkounal se préoccupa fort peu de l'île de Yéso et pourvu que les Daïmios ou princes, à peu près absolus dans l'île, vinssent tous les six mois, rendre hommage au Taïkoun et résider quelque temps auprès de lui à Yédo (aujourd'hui Tokio), on ne leur demandait guère davantage ; mais quand, après la chute du Taïkoun, en 1868, le Mikado, que nous désignons en Europe sous le nom d'Empereur spirituel, eut repris l'exercice de ses droits souverains ; quand les Russes, profitant de la faiblesse du nouveau Gouvernement, sorti victorieux, mais non indemne, d'une révolution sanglante, eurent réussi à faire entendre à ce Gouvernement qu'il y avait avantage pour lui à leur céder ses droits sur Saghalien, en échange des îles Kouriles, les Japonais comprirent qu'il était temps de mettre l'île de Yéso à l'abri de toute nouvelle tentative de persuasion diplomatique ; ils jugèrent que le meilleur moyen d'arriver à ce résultat était de coloniser Yéso, alors fort peu peuplée, d'en exploiter les richesses naturelles et de rattacher, plus étroitement, cette île à l'empire.

A cet effet, un Gouverneur général de Yéso fut nommé ; un Ministère des Colonies fut constitué et pendant plusieurs années, le Gouvernement japonais n'épargna rien pour attirer les colons dans l'île. On créa des établissements agricoles, on exploita des mines de houille. Actuellement, un chemin de fer relie les mines de Poronaï, au petit port de Ottarou. On subventionna des compagnies maritimes et des sociétés de commerce, les pêcheries furent localisées et réglementées. Plus tard, le Gouvernement général de l'île fut supprimé, mais l'île fut alors divisée en cinq départements, ayant chacun un chef-lieu, un préfet et tous les rouages administratifs ordinaires.

La ville de Sapporo fut fondée et plus loin celle de Shibetsu sur l'Ishikari ; cette dernière n'est autre chose qu'un grand centre de déportation ; à mon dernier passage, il y avait près de quinze cents forçats condamnés à vie et tous transformés en bûcherons et en cultivateurs. Dans d'autres centres, on a organisé des stations agricoles de soldats laboureurs. Enfin,

on mit et on met encore tout en œuvre, pour assimiler l'île
de Yéso aux autres îles de l'empire.

Malheureusement, la colonisation se fait lentement : à part
la grand'route de Hakodaté à Sapporo, par Mori et Mororan,
jolis petits ports qui se font face sur la magnifique Baie des
volcans, il n'y a pas de chemins carrossables, les transports
et les objets de consommation sont partout à des prix exor-
bitants.

Pendant sept et parfois huit mois de l'année, le sol est couvert de neige et pendant trois mois l'Ishikari est gelé, le
froid atteint 15 et 18 degrés au-dessous de zéro. Aussi com-
prend-on que, malgré tous les efforts du Gouvernement, les
indigènes de la belle île de Nippon, dont le climat est si doux,
si agréable et si sain, ne se décident que bien difficilement à
aller tenter la fortune dans le Hokkaïdo. Sauf sur la grand'-
route, on ne peut circuler qu'à cheval. Les Chevaux sont
petits, mais vigoureux, et ils ont le pied d'une sûreté bien
précieuse, dans ce pays dont le sol est souvent spongieux et
glissant et où, tantôt il faut gravir des montagnes, tantôt
descendre dans le lit des torrents, et presque toujours traverser les rivières à gué. Les Chiens ont le poil rude, très épais
et de véritables têtes de Loups. Les Bœufs sont petits, trapus
et servent à la culture ; leur viande est très bonne et, maintenant, les habitants aisés des villes en mangent très volon-
tiers. Il y a aussi des Poules ; mais je ne crois pas, qu'à part
ceux que je viens de nommer, il existe dans l'île, d'autres
animaux domestiques indigènes.

Quant au gibier, il y abonde, le gibier d'eau surtout. J'ai
vu des lacs couverts de Canards sauvages et j'ai parfois ren-
contré des Bécasses, des Faisans et des Lièvres, qui, tran-
quillement, me regardaient passer.

Outre la houille, que l'on dit de très bonne qualité, et des
pêcheries très productives, la principale richesse du Hokkaïdo est son immense forêt ; il y a là des bois de construc-
tion de tous genres et de toute beauté ; on y retrouve
presque toutes les essences de l'Europe, sauf les Conifères,
dont l'île de Nippon possède cependant tant de variétés. La
végétation est d'une puissance extraordinaire, le Muguet des
bois atteint plus de deux pieds de hauteur, mais il n'exhale
aucun parfum. En revanche, j'ai trouvé dans des dunes, au
bord de la mer, des Églantiers à larges fleurs rouges très

odoriférantes. J'ai rapporté des feuilles de Chêne de plus
d'un pied de longueur. Mais ce qui, en fait de végétation, m'a
le plus frappé, c'est l'existence de deux plantes grimpantes
gigantesques, la Vigne et le *Kokouâ*. Ces Lianes, dont les
troncs ont parfois *un pied de diamètre,* atteignent et recou-
vrent en entier les sommets des plus hauts arbres, puis se
rabattant nonchalamment vers le sol, les rameaux abandon-
nés à eux-mêmes, elles flottent avec grâce, au gré du vent.

Que l'on regarde ces Vignes gigantesques, à l'automne,
alors que leurs feuilles ont revêtu toutes les couleurs d'un
joli coucher de soleil, ou que l'on se trouve en présence des
Kokouâs à l'époque de la floraison (la fleur du Kokouâ ressemble beaucoup à celle de l'Hortensia sauvage), on a de-
vant soi un tableau aussi original que ravissant. Le Kokouâ
donne, en outre, des fruits gros comme de petites noix, mais
plus allongés ; leur goût, très agréable d'ailleurs, rappelle un
peu celui de la Groseille à Maquereau.

Quant à la Vigne, c'est en celle-là, la Vigne d'Ishikari, que
j'ai placé mon espoir, pour la réussite de ma mission : c'est
en elle aussi que, tôt ou tard, le Japon trouvera une nouvelle source de richesses.

Comme j'avais déjà habité le Japon pendant plus de vingt
ans, quand j'y revins en 1883 pour remplir ma mission viticole, que j'avais occupé dans ce pays des fonctions officielles,
à la Légation de France et auprès du Gouvernement japonais lui-même ; enfin, comme j'étais un vieux Membre *mili-
tant* de la *Société nationale d'Acclimatation de France*, je
voulus faire d'une pierre deux coups : rendre encore des
services au Gouvernement japonais, tout en accomplissant
ma mission.

J'obtins de M. le Général Saïgo, Ministre de l'Agriculture
et du Commerce, des lettres de recommandation pour les
chefs de bureaux de l'Agriculture des départements que je
devais traverser et de M. le Général Yamada, Ministre de
l'Intérieur, une lettre circulaire d'introduction pour tous les
Préfets de l'Empire. En reconnaissance de ces bons procédés,
je promis de communiquer au Gouvernement japonais toutes
les remarques et observations que je ferais et que je croirais
pouvoir lui être utiles. Je tins parole et pendant tout le temps
que dura ma mission j'adressai de nombreuses notes, tantôt
à M. le Général Saïgo, tantôt à M. Skinagawa, vice-ministre

de l'Agriculture et du Commerce. Plusieurs de mes rapports furent communiqués à M. Matsugata, Ministre des Finances. Enfin, dans la plupart des villles où je passais, je fis des conférences publiques pour enseigner la culture de la Vigne et indiquer les endroits propices à son extension. Quand ma mission fut terminée et que je fus prendre congé de lui. M. Sienkiévicz, Ministre de France à cette époque au Japon, me fit l'honneur de me remettre la lettre officielle suivante :

LÉGATION DE FRANCE   RÉPUBLIQUE FRANÇAISE.

AU JAPON

—

A Monsieur Degron, chargé d'une mission viticole par le Ministère de l'Agriculture, au Japon.

Tokio. le 22 novembre 1883.

Monsieur,

Le Ministre des Affaires étrangères du Mikado vient de m'informer que Sa Majesté a bien voulu vous décerner la croix de chevalier de son ordre impérial du Soleil Levant.

La distinction honorifique dont vous êtes l'objet témoigne des services que vous avez su rendre, durant votre mission, aux viticulteurs japonais. Je vous félicite d'avoir si bien réussi dans ce pays. Vous trouverez d'ailleurs, ci-annexés, les insignes de votre grade.

Recevez, etc.

Signé : SIENKIÉVICZ.

Pour compléter les renseignements qui précèdent et pour que les viticulteurs et toutes les personnes — qui s'intéressent, non seulement à la régénération des vignobles français, mais encore aux belles plantes d'ornement — puissent avoir une idée exacte de la valeur de la Vigne du Japon, je ne saurais mieux faire que de reproduire *in extenso* une étude très détaillée et très documentée, qu'un professeur de viticulture M. P. Mouillefert, dont les ouvrages sont devenus classiques, vient de faire paraître dans la *Revue de Viticulture*, dirigée par M. P. Viala, l'éminent professeur de l'Institut national agronomique.

LES VIGNES JAPONAISES DE M. DEGRON (*Vitis Coignetiæ* PULL.)

Bien que cette espèce de Vigne soit connue depuis longtemps des botanistes, sa description est toujours restée incomplète, faute d'éléments suffisants, surtout en ce qui concerne la fructification et le vin obtenu. Mais il ne saurait plus en être ainsi : les nombreux individus obtenus des semis faits par M. Degron à Crespières (Seine-et-Oise), en 1884, à la suite de sa mission au Japon en 1883, ont fructifié, et se présentent à nous aujourd'hui, après seize années de végétation. Grâce à l'extrême obligeance de M. Degron, qui m'a permis d'étudier ces Vignes chez lui, où se trouvent de beaux spécimens, je puis contribuer, dans une certaine mesure, à l'histoire de l'espèce principale de la collection, le *Vitis Coignetiæ*.

La plus ancienne mention qui ait été faite du *Vitis Coignetiæ* est celle de Thunberg dans son *Flora Japonica*, paru en 1784, où elle est désignée sous le nom de *Vitis Labrusca*. Regel en parle aussi dans son *Conspectus des espèces de genre Vitis*. Viennent ensuite Franchet et Savatier, dans leur grand ouvrage *Enumeratio plantarum in Japonia sponte crescentium*, 1875, tome I, p. 83, sous le nom également erroné de *Vitis Labrusca*. Dans ce même ouvrage, cette Vigne est indiquée, d'après Thunberg, comme habitant les broussailles de Kiousou (1), près de Nangasaki, puis par le D'r Savatier dans le Nippon moyen, aux environs de Yokosta (1861) ; dans l'île Yeso, près de Hakodaté, par Maximowicz et Tschotski, en 1861. Maximowicz la retrouva également au Nippon, au pied du Fudzi-Yama en 1864, lors de son deuxième voyage.

Mais la première introduction comme plante paraît être due à M. et M'me Coignet, qui, voyageant en 1875, au Japon, pour le compte de la Chambre de commerce de Lyon, en envoyèrent des graines, dit M. Pulliat (2), à leur père, M. Jean Sisley, grand amateur d'horticulture, qui en donna une partie à M. Pulliat et à M. Ch. Naudin, directeur de la villa Thuret à Antibes. « Du semis que je fis, dit M. Pulliat (*loc. cit.*), j'obtins, dès l'année suivante, des Vignes d'une vigueur et d'une ampleur de feuilles vraiment extraordinaires. J'envoyai quelques-unes de ces Vignes, dont je donnais la description, deux ans plus tard, à mon ancien maître et ami Planchon, en le prévenant que j'avais donné à cette Vigne le nom de M'me Coignet. M. Planchon latinisa ma dédicace et fit connaître « la Vigne Madame Coignet » aux botanistes sous le nom de *Vitis Coignetiæ*. »

De son côté, M. Ch. Naudin qui avait également reçu, nous l'avons dit, de M. Sisley, père de M'me Coignet, des graines de la Vigne en question, obtint aussi des plants, et, ignorant que M. Pulliat possédait la même Vigne et l'avait déjà dénommée, lui donna le nom, en raison du caractère de ses feuilles, de *Vitis rugosa*. Mais comme ce dernier nom faisait double emploi avec le *Vitis rugosa* de Wallich, du genre *Ampelopsis*, et pouvait par conséquent prêter à confusion, le nom de

(1) Kiousou est le nom de l'île dont Nankasaki est le port principal.
(2) *Revue horticole*, 1890, p. 49.

Vitis Coignetiæ proposé par Pulliat, dédié à Mme Coignet qui méritait bien cet hommage pour les services rendus par elle à l'horticulture, fut définitivement adopté par les botanistes.

Malheureusement les pieds de *Vitis Coignetiæ* qu'on a vus fleurir à Chiroubles chez M. Pulliat et à Antibes, étaient tous mâles (Planchon, *Journ. la Vigne américaine*, 1888, p. 188). Depuis, aucun des pieds issus de ce premier semis n'a été signalé comme ayant fructifié et il est même probable que tous ont successivement disparu du fait du Phylloxéra ou d'autres causes.

De sorte qu'il n'a probablement dû rien rester de cette première introduction de M. et Mme Coignet et que le *Vitis Coignetiæ* manquerait encore dans nos collections sans l'introduction très importante de plants-racinés, de boutures et de graines faite par M. Degron (1), à la suite de sa mission spéciale au Japon en 1883, dans laquelle il avait été chargé par M. le Ministre de l'Agriculture de rechercher dans ce pays les Vignes sauvages ou cultivées qui pourraient être utiles à la viticulture française dans sa lutte contre le Phylloxéra.

M. H. Degron, ancien directeur des postes françaises à Yokohama, a profité, pour remplir cette mission, des facilités que lui donnaient la connaissance de la langue japonaise et des relations qu'il avait faites dans le monde officiel japonais pendant son séjour dans le pays.

Arrivé à Yokohama le 7 mars 1883, M. Degron, après avoir renoué des relations avec d'anciens amis français et japonais, avec les autorités du pays, notamment avec les Ministres de la Guerre, de l'Agriculture et des Finances, explora successivement les environs de Kobé sur la côte est de la grande île Nippon ; il visita le champ d'expérience de In-Nansimoura choisi pour la culture des Vignes étrangères. Dans les environs de Kioto, à Djiourakou, M. Degron trouva un *Vitis vinifera* à gros grains noir-rougeâtre ou blancs très sucrés, qu'il crut provenir du Portugal par une introduction faite au XVIe siècle. Remontant vers le Nord, il visita les environs de Nagoya, où il vit des cultures de Vignes américaines introduites à grands frais par le Gouvernement ; puis il arriva à Kofou, province de Koshiou, où il rencontra partout des Vignes sauvages à petits fruits (probablement le *Vitis ficifolia* ou *Vitis Thunbergii*) ; à Kofou, M. Degron rencontra aussi un autre *Vitis vinifera* cultivé pour raisin de table et qui a été introduit à peu près vers cette époque en France sous le nom impropre de *Yeddo*, mais connu au Japon sous le nom de *Koshiou* ou de *Raisin de Kofou* (2).

Cette excursion dans le sud de Yokohama et dans le centre de l'île

---

(1) Il va sans dire que je serais très heureux, en cas d'erreur, que l'on veuille bien me rectifier. — P. Mouillefert.

(2) Vigne vigoureuse et remarquable par la présence sur ses rameaux de petites aspérités qui sont comme des poils subespinescents. Le Yeddo a été cultivé pendant plusieurs années de suite par M. de Lunaret. qui l'avait reçu directement du Japon sous le nom de *Ko-Chu*. Ses raisins gros, oblongs, violet clair, sont d'assez bon goût.

Nippon n'ayant pas produit grand'chose au point de vue du but poursuivi, M. Degron résolut de se rendre dans le Nord, dans l'île Yéso (aujourd'hui nommée Hokkaïdo), et débarquait le 7 juin à Hakodaté ; de là il se rendit dans la ville de Sapporo, chef-lieu du département (Ken) de ce nom, par 43°5 latitude Nord ; il remonta avec les plus grandes difficultés dans des pirogues d'indigènes appelés Aïnos, la vallée du fleuve Isikari (ou Ishikari). Cette vallée, bordée de grandes forêts de Chênes et de Châtaigniers et d'autres grands arbres, contient aussi, en très grandes quantités, plusieurs espèces de Vignes sauvages, notamment le *Vitis Coignetiæ*, qui y atteint des dimensions énormes. Dans le delta que forme l'Osikouaï et l'Isikari, M. Degron remarqua des pieds de cette Vigne qui enserraient et recouvraient en entier des arbres de plus de 150 pieds de hauteur avec des troncs de 0^m,55 à 0^m,60 de grosseur à 2 mètres du sol. A cette époque (1re quinzaine de juin), toutes ces Vignes étaient en pleines fleurs. En redescendant vers Sapporo, dans l'Est, sur le plateau d'Horomoï, l'explorateur retrouva cette même Vigne, mais cependant moins développée que dans la haute vallée de l'Isikari.

En résume, dit M. Degron, cette Vigne est partout abondante dans l'île de Yeso, où elle n'est pas utilisée. Cependant, à Sapporo, dans un établissement du Gouvernement, M. Degron put déguster du vin fait avec le raisin de la Vigne en question ; mais ce vin, très chargé en couleur et fait d'une manière par trop primitive, ne donnait pas l'idée de ce qu'il pourrait être.

Au sud de l'île de Toma-Koumaï, le *Vitis Coignetiæ* fut aussi retrouvé dans les prairies, mais beaucoup moins développé que dans l'île Yéso. M. Degron remarqua aussi dans cette île la présence de plusieurs Vignes différant du *Vitis Coignetiæ*, ou tout au moins des variétés de celle-ci à feuilles quinquélobées toujours avec sinus profonds, moins tomenteuses en dessous, même un peu rougeâtre à l'état adulte (1).

M. Degron retrouva encore son *Vitis Isikari* dans l'île Sado (38° de latitude) ainsi que dans le Nord de Nippon, ce qui donne une aire géographique très étendue à cette plante, aire s'étendant au moins entre le 38° et le 44° degré, où elle habite surtout les hautes vallées pour s'élever jusqu'au voisinage des neiges presque perpétuelles, tout en atteignant toutefois son plus grand développement dans l'île Yéso.

Au commencement d'octobre de cette même année 1883, M. Degron retourna dans le Yéso pour prendre livraison des plants de Vigne qu'il avait préparés et fait préparer au printemps lors de son premier voyage, et emporta avec lui à Yokohama environ 900 jeunes pieds « bien sains, bien enracinés, ayant de un à trois ans, provenant du plateau d'Horomoï, de Sapporo et de différents autres lieux, ainsi qu'un grand

(1) D'après ces caractères, cette Vigne pourrait être le *Vitis Pagnucci*, peut-être même le *V. amurensis*.

nombre de boutures et beaucoup de graines. Le 24 novembre, M. Degron s'embarquait avec sa cargaison comprenant quinze caisses à la Ward ou bâches portatives; il débarquait à Marseille le 11 janvier 1884 et accompagnait ses plantes à l'École nationale d'Agriculture de Montpellier, où elles devaient être cultivées et étudiées.

Maintenant que sont devenues ces Vignes? Il paraît que toutes celles qui avaient été plantées à Montpellier sont mortes de l'action phylloxérique, ce qui est fort possible, surtout étant donné que le *Vitis Coignetiæ* appartient au groupe des Labrusca dont la résistance au Phylloxéra est très faible. A cela, M. Degron objecte que sa Vigne est originaire de contrées froides et humides, que le climat de Montpellier seul aurait suffi pour la faire mourir.

Quant aux graines, elles furent distribuées dans différents établissements, notamment au Muséum, à l'École d'Agriculture de Montpellier, à l'École de Grignon où, malheureusement, on les arracha, en 1889, avec toutes les autres formant une très belle collection, à la suite d'une invasion phylloxérique. L'École d'Horticulture de Versailles reçut aussi de ces Vignes. Plusieurs personnes reçurent également la nouvelle Vigne, notamment un M. Caplat qui s'empressa de lui donner son nom.

Nous ne saurions dire ce que sont devenues toutes les Vignes issues de la mission de M. Degron. Quant à celles semées et élevées chez lui, nous pouvons en parler pour les avoir visitées plusieurs fois et les avoir étudiées sur place. Les unes ont été élevées de pied franc et se couvrent de fruits tous les ans, tandis que d'autres ont servi de porte-greffes à des Chasselas et à des Meuniers et donnent des vins curieux qui démontrent l'influence réelle que peut avoir le sujet sur le greffon. Un pied de cette Vigne entoure d'une immense guirlande la maison d'habitation de M. Degron et mesurait, l'année dernière (1899), environ 35 mètres de long et 16 centimètres de grosseur à la base. Cette Vigne, aux feuilles de 25 à 27 centimètres de limbe, porte tous les ans un nombre considérable de belles grappes. Un berceau formé de cette même Vigne est également chargé de raisins.

Passons maintenant à la description de cette Vigne.

Description. — *Vitis Coignetiæ* Pulliat in litter. — Planchon, in journal *Vigne américaine*, 1883, p. 186. — *Vitis rugosa* Naudin in litter. non Wallich. — *Vitis Ishikari* Degron, Rapport au Ministre de l'Agriculture, dans *Compte rendu du service du Phylloxéra*, année 1883, Paris, 1884, et dans journal *Vigne américaine*, 1884, p. 280 et 302. — Planchon, *Les Ampélidées*, extrait du *Prodromus*, vol. quintum, p. 325. — *V. Labrusca* Thunb. *Fl. Jap.*, p. 103. — Franchet et Savatier, *Enum. Pl. Jap.*, p. 83.

Grand arbrisseau sarmenteux pouvant atteindre dans son pays le sommet des plus grands arbres, sur 0ᵐ,50 à 0ᵐ,60 de grosseur, à tige recouverte d'une écorce feuilletée lamelleuse se détachant par grandes loques et laissant à nu une écorce pourpre livide ou pourpre grisâtre. Sarments assez gros, 8 à 9 millimètres de diamètre, un peu aplatis, brun rouge à l'aoûtement, finement striés, pubescents, floconneux, subglabres à l'aoûtement ; mérithalles assez rapprochés, 8 à 10 centimètres ; nœuds faiblement renflés. Moelle assez abondante, jaune rougeâtre, 3 à 4 millimètres de diamètre. Diaphragme mince (1 millimètre), concave ; vrilles interrompues (parfois par séries de 2-4), très robustes, courtes, ordinairement bifurquées. Bois dur, assez compact, blanc grisâtre. Feuilles grandes, ovales, cordiformes, entières ou à peine trilobées au sommet, à pourtour irrégulièrement et peu profondément denté, avec sommet des dents brusquement terminé ; sinus pétiolaire plus ou moins ouvert en U ; limbe un peu vrillé, chagriné, vert foncé en dessus, glabre à l'état adulte ; couvert en dessous d'un tomentum abondant plus ou moins rouilleux, jamais gris tomenteux et un peu rugueux, ce limbe prenant une belle teinte lie-de-vin à l'automne ; longueur, 12 à 18 centimètres sur à peu près autant de large. Pétiole relativement grêle, cannelé, peu renflé à la base, pubescent, floconneux et se terminant dans le limbe par cinq principales nervures ; longueur, 10 à 12 centimètres. Bourgeons cylindro-coniques, recouverts d'un épais tomentum ferrugineux. Débourrement très précoce, rouge carmin. Jeunes feuilles généralement trilobées couvertes d'un tomentum roussâtre. — Inflorescences dioïques ou tout au moins polygames-dioïques ; floraison précoce. Thyrse sur pédoncule assez robuste, 4-6 centimètres de long, assez grêle et souvent pourvu d'une petite vrille plus ou moins développée. Grappes, 15 à 20 centimètres, cylindriques, lâches, souvent avec 1 ou 2 ailerons à la base ; grains nombreux, 50 à 100, ronds, moyens ou sur-moyens, 16 à 18 millimètres de diamètre, noir foncé, mais très pruinés ; peau assez épaisse, bien résistante ; jus très foncé en couleur, à saveur de cassis très nette, mais bien moins que dans le Labrusca d'Amérique ; pulpe vert grisâtre, aussi beaucoup plus liquide que dans ce dernier. Pépins généralement 2, mais souvent 3 et parfois 4, ces pépins assez gros, 5 à 6 millimètres de long sur 4 de large, courtement ponctués à la base, légèrement échancrés au sommet. Chalaze peu développée, elliptique-allongée. Maturité à Crespières (Seine-et-Oise), année normale, vers le 15 octobre : ce qui correspond à la deuxième époque de Pulliat.

Variétés. — Parmi les nombreux individus issus des semis faits par M. Degron, on distingue nettement deux variétés : la première que nous désignerons sous le nom de *V. Coignetiæ typica,* a les feuilles grandes, 20 à 27 centimètres de limbe, vertes en dessous, très peu ferrugineuses. Les pédoncules fructifères sont gros, robustes ; les grappes, longues d'en moyenne 15 à 20 centimètres, dont 5-6 de pédoncules, sont pourvues de un à deux ailerons. Les grains de raisin sont gros, ronds, 16 à 18 millimètres de diamètre. Cette variété est vigoureuse.

La deuxième variété, que l'on pourrait appeler *V. Coignetiæ ferrugi-nosa*, se caractérise par des feuilles plus petites, 15 à 18 centimètres, et beaucoup plus ferrugineuses en dessous. La plante est aussi plus grêle, les grappes de même longueur sont plus cylindriques, à peine ailées ; les baies plus petites, 10 à 12 millimètres de diamètre, et mûrissent plus tôt, huit à dix jours environ. En somme, cette variété est inférieure à la précédente. Comme on le voit, la maturité de ces raisins est donc bien plus tardive qu'on ne le croyait.

Comme rendement, voici les chiffres que nous avons trouvés au mois d'octobre 1899, d'après les raisins récoltés chez M. Degron. Quatre grappes, pesant ensemble 620 grammes, se sont ainsi décomposées :

Râfle............................ 32 grammes.
Grains 588   —

Les grains à leur tour se sont ainsi décomposés :

Jus............. 375 grammes, soit 60 % du poids.
Pépins......... 60   —
Pellicules 153   —

Comme on le voit, le rendement en jus n'est donc pas très élevé ; par contre, le poids des pépins et des pellicules est, en revanche, proportionnellement considérable. Quant au moût de ces raisins à 15°, il pesait au mustimètre Salleron 1.090, ce qui correspond à une quantité de 210 grammes de sucre par litre et en vin fait à 11°9 d'alcool, ce qui serait une belle composition si malheureusement l'acidité n'était considérable ; nous avons trouvé pour cet élément le chiffre très élevé de 14°8.

Le vin fait ressemble beaucoup par sa couleur à un extrait de cassis et il en a aussi un peu le goût ; mais ce qui ressort aussi dans ce vin, c'est son acidité et une certaine âpreté, prenant un peu à la gorge. En somme, ce n'est pas un vin de consommation courante. En arrêtant la fermentation, on obtiendrait, en revanche, une liqueur relativement supérieure.

Voici, d'ailleurs, la composition que nous lui avons trouvée : alcool, 6°75 ; acidité, 11 ; extrait sec, la quantité énorme de 28.

Ce vin pourrait être à la vérité employé, en raison de sa grande richesse en couleur, comme vin de coupage ; mais il y en a tant d'autres qui lui sont supérieurs que l'on ne saurait nullement baser une culture sur ce débouché.

Quant à la résistance phylloxérique du *Vitis Coignetiæ*, tant par ce que l'on sait que par le groupe botanique auquel il appartient, il y a peu d'espoir aussi de ce côté. Dans tous les cas, c'est dans les régions du Nord et du Centre qu'il faudrait l'essayer, comme porte-greffe, où, grâce à sa grande vigueur, il peut donner d'excellents résultats.

Mais, suivant nous, le véritable emploi de cette Vigne c'est comme plante d'ornement ; par sa grande vigueur et son beau feuillage, elle est d'un grand effet ornemental : aucune des Vignes connues ne peut l'égaler sous ce rapport, pas même le *Vitis Romaneti*, cependant très beau.

J'ai aussi trouvé parmi les semis de M. Degron le *Vitis amurensis* dont l'aire géographique se trouverait aussi comprendre la Mandchourie et le nord du Japon.

M. Degron, auquel on devait déjà l'introduction de plusieurs autres plantes ou arbustes du Japon (1), s'est donc acquis un nouveau titre à la reconnaissance publique en introduisant le *Vitis Coignetiæ* dans nos cultures.

P. MOUILLEFERT,

Professeur de Viticulture,
à l'École nationale d'Agriculture de Grignon.

(1) Pendant que M. Degron était directeur des postes françaises à Yokohama, il n'a pas introduit moins de cinquante espèces de plantes différentes, parmi lesquelles dix au moins n'avaient jamais été décrites. Aussi la *Société d'Acclimatation* lui a-t-elle décerné dès 1870, une médaille de première classe. (Voir *Bulletin de la Société d'Acclimatation*). 1869, pag. 470 et 1870, page XC.

Au moment où nous mettons sous presse, nous apprenons que M. Henry Degron a obtenu une médaille d'argent à l'Exposition Universelle de 1900, pour ses vins franco-japonais.

Extrait du *Bulletin de la Société nationale d'Acclimatation de France*.
Année 1900.

Versailles, imp. CERF, 59, rue Duplessis.